BEI GRIN MACHT SICH IHR
WISSEN BEZAHLT

AF141590

- Wir veröffentlichen Ihre Hausarbeit,
  Bachelor- und Masterarbeit

- Ihr eigenes eBook und Buch -
  weltweit in allen wichtigen Shops

- Verdienen Sie an jedem Verkauf

Jetzt bei www.GRIN.com hochladen
und kostenlos publizieren

Dirk Schäfer

Statistik 2. Eine Zusammenfassung inkl. Formelsammlung

GRIN Verlag

Bibliografische Information der Deutschen Nationalbibliothek:

Die Deutsche Bibliothek verzeichnet diese Publikation in der Deutschen National-bibliografie; detaillierte bibliografische Daten sind im Internet über http://dnb.d-nb.de/ abrufbar.

Impressum:

Copyright © 1999 GRIN Verlag GmbH
Druck und Bindung: Books on Demand GmbH, Norderstedt Germany
ISBN: 978-3-656-62325-0

Dieses Buch bei GRIN:

http://www.grin.com/de/e-book/2671/statistik-2-eine-zusammenfassung-inkl-for-melsammlung

Statistik
2. Semester

17.03.1999

Regressionsanalyse

Beispiel:

i	Produktionsmenge (in Tsd.) X	Kosten (in TDM) Y
1	2	4
2	4	8
3	5	9
4	7	12
5	8	13
6	10	14
7	13	17

Für eine Regressionsanalyse benötigt man zwei metrisch skalierte Merkmale, zwischen denen eine einseitige Abhängigkeit herrscht, die unabhängige Variable nennt man häufig X, die abhängige Y.

Beispiel:

unabhängig	abhängig
Y (Einkommen)	C (Konsumausgaben)
Y (Einkommen)	M (Miethöhe)
S (Sonnenstunden)	E (Ernteertrag)

Die Erfassung des funktionalen Zusammenhangs zwischen 2 metrisch skalierten Merkmalen heißt **Regression**.
Unterstellt man einen linearen Zusammenhang, so spricht man von linearer (Einfach-) Regression.

Vorgehensweise:

1. Schritt: Streudiagramm erstellen:
Um ein ungefähres Bild des funktionalen Zusammenhanges zu bekommen, trägt man die beobachteten Punktepaare $(x_1;y_1)$, $(x_2;y_2)$, ... in ein X-Y-Koordinatensystem ein.

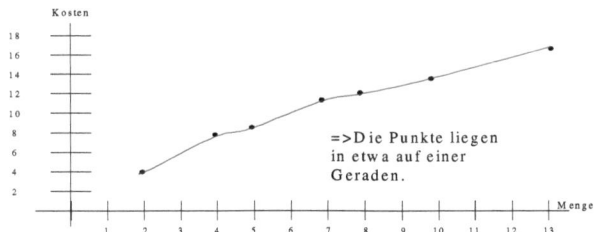

=>Die Punkte liegen in etwa auf einer Geraden.

Andere denkbare Fälle

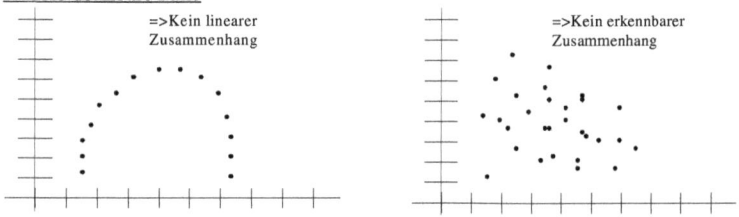

=>Kein linearer Zusammenhang

=>Kein erkennbarer Zusammenhang

2. Schritt: Wie bestimme ich aus der Kenntnis der vorgegebenen Punktepaare $(x_i;y_i)$ die Regressionsgerade $\overset{\downarrow}{y} = a + bx$ (Gesucht ist die Steigung b und der Achsenabschnitt a [Schnittpunkt auf der Y-Achse]).

Berechnung von a, b: Angenommen, eine Regressionsgerade liegt vor ($\overset{\downarrow}{y} = a + bx$).

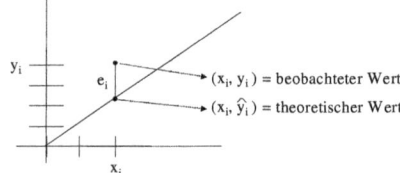

(x_i, y_i) = beobachteter Wert
$(x_i, \hat{y}_i)$ = theoretischer Wert

Mit e_i bezeichnet man die Differenz $y_i - \overset{\downarrow}{y}_i = y_i - (a + bx_i)$.
Bestimme a, b so, daß die Summe der Quadrate ($\sum e_i^2$) möglichst klein (minimal) wird. Mit Hilfe der Differentialrechnung für Funktionen mit mehreren Variablen erhält man für a und b:

$$b = \frac{\sum (x_i - \overline{X_A}) * (y_i - \overline{Y_A})}{\sum (x_i - \overline{X_A})^2}$$

$$a = \overline{Y_A} - b\overline{X_A}$$

Beispiel (Hilfstabelle):

i	x_i	y_i	$x_i - \overline{X_A}$	$y_i - \overline{Y_A}$	$(x_i - \overline{X_A}) * (y_i - \overline{Y_A})$	$(x_i - \overline{X_A})^2$
1	2	4	-5	-7	35	25
2	4	8	-3	-3	9	9
3	5	9	-2	-2	4	4
4	7	12	0	1	0	0
5	8	13	1	2	2	1
6	10	14	3	3	9	9
7	13	17	6	6	36	36
$\sum$	49	77			95	84

$\overline{X_A} = 7$, $\overline{Y_A} = 11$

$$b = \frac{95}{84} = 1{,}1309524 \approx 1{,}131 \ (\Leftarrow \text{Steigung!})$$

a=11-b*7

a=3,083

Als Regressionsgerade erhält man:

$$\overset{\downarrow}{y} = 3{,}083 + 1{,}131x$$

Interpretation der Zahlenwerte:

a=3,083 gibt die Fixkosten an, die unabhängig von der produzierten Menge anfallen. Steigt die Produktion um 1 Einheit, so steigen die Kosten um 1,131.

Mit Hilfe der Regressionsgeraden kann man Vorhersagen treffen.

1.) Schätzung: X stammt aus dieser Range der beobachteten Werte (liegt zwischen kleinstem und größten beobachteten Wert)

2.) echte Prognose: falls X-Wert außerhalb der Range.

Beispiel: sei x=6

$$\overset{\downarrow}{y} = 3{,}083 - 1{,}131 * 6$$

$$\overset{\downarrow}{y} = 9{,}869$$

D. h. eine Produktion von 6000 Einheiten führt zu Kosten von 9.869,–

24.03.99

Beispiel: Zusammenhang zwischen Werbung (X) und Umsatz (Y)
3 Datenreihen aus 3 vergleichbaren Gebieten. Man berechne aus X;Y die Regressionsgerade

X (Mio)	Y_1	Y_2	Y_3
100	38	42	50
200	45	40	29
300	52	46	46
400	62	70	97
500	72	74	38
600	70	67	65
700	81	81	95

$$\overset{\downarrow}{y} = 31{,}6 + 0{,}071x$$

Man erhält in allen 3 Fällen das gleiche Ergebnis, obwohl die Stärke des Zusammenhangs zwischen X und Y in den 3 Fällen unterschiedlich ist (siehe Streudiagramme).
Fazit: Wir benötigen ein Maß, um die Stärke des Zusammenhanges zwischen X und Y zu messen.

Das Bestimmtheitsmaß (Determinationskoeffizient) R^2

Klar ist: Je kleiner $\sum e_i^2$ ist, desto stärker ist der Zusammenhang zwischen X und Y. Jetzt wird auf dieser Grundlage ein <u>normiertes Maß</u> eingeführt.

Exkurs: normiertes Maß -> Wert zwischen 0 und 1.

Es gilt: $(y_i - \overline{y_A}) = (y_i - \hat{y}_i) + (\hat{y}_i - \overline{y_A})$

Eine Summierung über alle i (alle Punkte des Streudiagramms) liefert

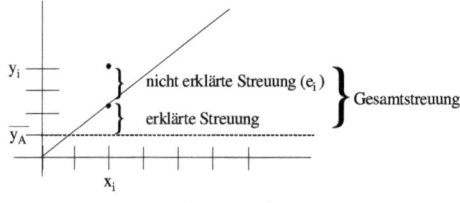

$\sum(y_i - \overline{y_A}) = \sum(y_i - \hat{y}_i) + \sum(\hat{y}_i - \overline{y_A})$.

Es gilt in <u>diesem speziellen</u> Fall:

$$\sum(y_i - \overline{y_A})^2 = \sum(y_i - \hat{y}_i)^2 + \sum(\hat{y}_i - \overline{y_A})^2$$
$$\text{SQT} \qquad\quad \text{SQE} \qquad\quad \text{SQR}$$

SQT = Sum of Square **Total**
SQE = Sum of Square **Explained**
SQR = Sum of Square **Regression**

Im Idealfall (alle Punkte auf der Geraden) ist SQR=0 ($\sum e_i = 0$), d. h. SQE=SQT.

Als Maß definiert man:

$$R^2 = \frac{SQE}{SQT} = \frac{erklärte\ Streuung}{Gesamtstreuung}$$

Es gilt: $0 \le R^2 \le 1$

Weiterhin gilt: $R^2 = \frac{SQE}{SQT} = \frac{SQT - SQR}{SQT} = 1 - \frac{SQR}{SQT}$

Beispiel:

X_i	y_1	y_2	y_3	y_i	SQE $(\overline{y_A}-\hat{y_i})^2$	SQT $(\overline{y_A}-y_1)^2$	SQT $(\overline{y_A}-y_2)^2$	SQT $(\overline{y_A}-y_3)^2$
100	38	42	50	38,7	453,69	484	324	100
200	45	40	29	45,8	201,64	225	400	961
300	52	46	46	52,9	50,41	64	196	196
400	62	70	97	60	0	4	100	1369
500	72	74	38	67,1	50,41	144	196	484
600	70	67	65	74,2	201,64	100	49	25
700	81	81	95	81,3	453,69	441	441	1225
$\overline{y_A}=60$					1411,48	1462	1706	4360

$R^2_{(Y_1)} = 0,965 \hat{=} 96,5\%$

$R^2_{(Y_2)} = 0,827 \hat{=} 82,7\%$

$R^2_{(Y_3)} = 0,324 \hat{=} 32,4\%$

31.03.1999

Korrelationskoeffizient

$0 < r^2 < 1$

Vorgegeben: Zwei metrische Variablen zwischen denen ein linearer Zusammenhang vermutet wird.

Definition von R:

$$R = \frac{\frac{1}{n}\sum(x_i - \overline{x_A}) * (y_i - \overline{y_A})}{\sqrt{\frac{1}{n} * \sum(x_i - \overline{x_A})^2} * \sqrt{\frac{1}{n} * \sum(y_i - \overline{y_A})^2}}$$

$$\sqrt{\frac{1}{n} * \sum(x_i - \overline{x_A})^2} = \sigma_x \qquad \sqrt{\frac{1}{n} * \sum(y_i - \overline{y_A})^2} = \sigma_y$$

Man nennt $\frac{1}{n}\sum(x_i - \overline{x_A}) * (y_i - \overline{y_A})$ **Kovarianz** der Variablen x;y.

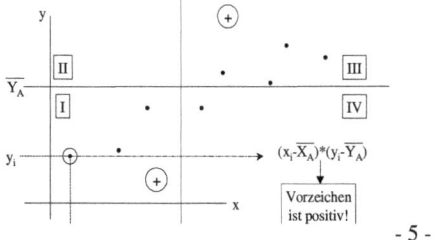
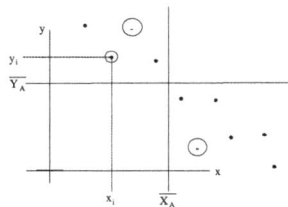

Liegt ein positiver (negativer) Zusammenhang vor, so ist die Kovarianz positiv (negativ). Ist die Kovarianz sehr klein bzw. 0, so existiert kein <u>linearer</u> Zusammenhang.

Beispiel:

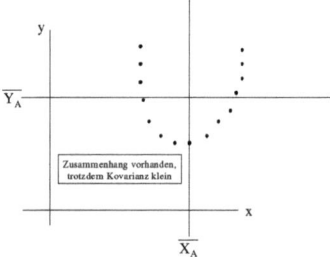

Nachteil der Kovarianz ist, daß sie <u>nicht normiert</u> ist (abhängig von gewählter Einheit, sie hat keine untere bzw. obere Grenze).
Normierung geschieht durch die Division der Kovarianz durch die Streuung von x;y.

$$R = \frac{\sum (x_i - \overline{x_A}) * (y_i - \overline{y_A})}{\sqrt{\sum (x_i - \overline{x_A})^2} * \sqrt{\sum (y_i - \overline{y_A})^2}} = \frac{S_{xy}}{S_x * S_y}$$

$$\sqrt{\sum (x_i - \overline{x_A})^2} = S_x \qquad \sqrt{\sum (y_i - \overline{y_A})^2} = S_y$$

Es gilt $-1 \leq R \leq 1$ (-1-> perfekte positive Relation; 1-> perfekte negative Relation).
R ist die Quadratwurzel aus dem Bestimmtheitsmaß R^2, versehen mit dem Vorzeichen der Steigung b (aus der Regression).

Falls R bekannt ist, ergibt sich für die Steigung b der Regression

$$b = \frac{\text{Kovarianz von x, y}}{\sigma_x^2} = R\frac{\sigma_y}{\sigma_x} = R\frac{S_y}{S_x}$$

$$b = R\frac{S_y}{S_x} \qquad R = \frac{bS_x}{S_y}$$

Preis (X)	Nachfrage (Y)	$x_i - \overline{x_A}$	$y_i - \overline{y_A}$	$(x_i - \overline{x_A})^2$	$(y_i - \overline{y_A})^2$	$(x_i - \overline{x_A}) * (y_i - \overline{y_A})$
20	4	8	-10	64	100	-80
16	6	4	-8	16	64	-32
12	10	0	-4	0	16	0
10	16	-2	2	4	4	-4
8	20	-4	6	16	36	-24
6	28	-6	14	36	196	-84
Σ=72	Σ=84	Σ=0	Σ=0	Σ=136	Σ=416	Σ=-224

$\overline{x_A} = 12 \qquad \overline{y_A} = 14$

$$R = \frac{-224}{\sqrt{136}\sqrt{416}} = \frac{-224}{237,8571} = -0,9417419$$

Schwerpunkt: $\overline{x_A}; \overline{y_A}$

$$b = R\frac{S_y}{S_x} = -0,9417 * \frac{\sqrt{416}}{\sqrt{136}} = -1,6471$$

Wahrscheinlichkeitsrechnung

Zufallsexperiment:

    (1)   Ergebnis des Experiments ist nicht vorhersehbar
    (2)   Experiment kann unter gleichen Bedingungen beliebig oft wiederholt werden.

Beispiel: Münzwurf, Würfeln

Die möglichen Ausgänge eines Zufallsexperiments heißen <u>Elementarereignisse</u>. Die Menge aller Elementarereignisse heißt <u>Ereignisraum</u> und wird mit Ω bezeichnet.

Beispiel 1:   Würfeln (1 Würfel): $\Omega = \{1,2,3,4,5,6\}$
                Ereignis: Werfen einer geraden Zahl $E = \{2,4,6\} \subset \Omega$

Exkurs: $\subset$ -> Teilmenge von

Beispiel 2:   ZE: Zweimaliges Werfen einer Münze:
                      $\Omega = \{(K,Z);(Z,K);(K,K);(Z,Z)\}$

            Ereignis: Erste Münze zeigt Zahl: $E = \{(Z,K);(Z,Z)\}$

07.04.99

Beispiel: 3:   Zweimaliges Werfen eines Würfels

$$\Omega = \{ \begin{array}{llllll} (1,1);(1,2);(1,3);(1,4);(1,5);(1,6) \\ (2,1);(2,2);(2,3);(2,4);(2,5);(2,6) \\ (3,1);(3,2);(3,3);(3,4);(3,5);(3,6) \\ (4,1);(4,2);(4,3);(4,4);(4,5);(4,6) \\ (5,1);(5,2);(5,3);(5,4);(5,5);(5,6) \\ (6,1);(6,2);(6,3);(6,4);(6,5);(6,6)\} \end{array}$$

$|\Omega| = 36$

$A = $ Augensumme $\leq 4 = \{ (1,1);(1,2);(1,3)$
                                 (2,1);(2,2)
                                 (3,1)$\}$

$|A| = 6$
$|X| \Rightarrow$ Mächtigkeit von X

Komplement

Komplement von $A = \overline{A}$

$\overline{A}$ =Augensumme >4: Ω-A

Klassischer Wahrscheinlichkeitsbegriff (Laplace-Wahrscheinlichkeit)

Definition:

$$W(A) = P(A) = \frac{\text{Anzahl der "günstigen" Elementarereignisse}}{\text{Anzahl ALLER gleichwahrscheinlicher Elementarereignisse}} = \frac{|A|}{|\Omega|}$$

W(A)=Wahrscheinlichkeit von A
P(A)= Probability of A

Beispiel: Viermaliges Werfen einer Münze
A=Mindestens dreimal Wappen
W(A)=?

$A=\{(W,W,W,Z);(W,W,Z,W);(W,Z,W,W);(Z,W,W,W);(W,W,W,W)\}$
$|A|=5$

$$W(A) = \frac{5}{16} = 0,3125$$

$$W(\overline{A}) = \frac{11}{16} = 0,6875$$

Statistische Definition der Wahrscheinlichkeit (R. von Mises)

Bezeichnung: $h_n(A)$ = Absolute Häufigkeit des Eintretens von A bei n-maliger Durchführung
des Zufallsexperiments
A={Zahl}

Beispiel:

n	$h_n(A)$	$f_n(A)$
20	12	0,6
40	25	0,625
80	54	0,675
100	66	0,66
1.000.000	666.650	0,66665

Intuitiv beträgt die Wahrscheinlichkeit für „Zahl" genau „$^2/_3$" oder 66,6%. Im Beispiel stabilisiert sich die relative Häufigkeit $\frac{h_n(A)}{n} = f_n(A)$ bei großen Mengen.

Es gilt: $\displaystyle\lim_{n \to \infty} = \frac{h_n(A)}{n} = W(A)$ (falls $f_n(A)$ sich stabilisiert)

Axiome von Kolmogorov

Axiom = Satz, der nicht beweisbar ist, der zugrunde gelegt wird.

Von einer Wahrscheinlichkeit wird verlangt:

1. Axiom:	$0 \leq W(A) \leq 1$
2. Axiom:	$W(\Omega) = 1$
3. Axiom:	$W(A \cup B) = W(A) + W(B)$
	falls $A \cap B = \phi$ (leere Menge) (falls A und B kein gemeinsames EE besitzen)

Der klassische und der statistische Wahrscheinlichkeitsbegriff erfüllt diese Axiome.

Exkurs: $\cup$ = vereinigt
$\cap$ = schneidet
ϕ = leere Menge

Beispiel: ZE: Zweimaliges Werfen eines Würfels
A = Augensumme ≤ 4 {(1,1);(1,2);(1,3);(2,1);(3,1);(2,2)}
B = Augensumme ≥ 10 {(4,6);(6,4);(5,6);(6,5);(5,5);(6,6)}
C = Augensumme 9 oder 10   {(4,6);(6,4);(5,4);(4,5);(5,5);(6,3);(3,6)}

Gesucht: W(A), W(B), W(C), W(A$\cup$B), W(B$\cup$C)

$|\Omega| = 36$

$W(A) = {}^{6}/_{36}$
$W(B) = {}^{6}/_{36}$
$W(C) = {}^{7}/_{36}$

$W(A \cup B) = {}^{12}/_{36} = {}^{1}/_{3}$ $A \cap B = \phi$
$W(B \cup C) = {}^{10}/_{36}$ $\neq W(B) + W(C)$ oder $B \cap C = \{(5,5);(6,4);(4,6)\}$

Additionssatz für *beliebige* Ereignisse A,B

$$W(A \cup B) = W(A) + W(B) - W(A \cap B)$$

Im obigen Beispiel gilt: $W(B \cup C) = W(B) + W(C) - W(B \cap C) = {}^{6}/_{36} + {}^{7}/_{36} - {}^{3}/_{36} = {}^{10}/_{36}$

Urnenmodell

In einer Urne befinden sich N Kugeln. Einige Kugeln sind rot, die restlichen weiß. Es werden zufällig n Kugeln entnommen.

Wir unterscheiden dabei 2 Fälle:
- Ziehen mit Zurücklegen (ZMZ)
  Jede gezogene Kugel wird sofort zurückgelegt.
- Ziehen ohne Zurücklegen (ZOZ)
  Eine einmal gezogene Kugel wird <u>nicht</u> mehr zurückgelegt.

Beispiel: Urne mit 7 Kugeln, 5 sind rot, 2 sind weiß

          ZMZ: Die Wahrscheinlichkeit im zweiten Zug eine rote Kugel zu erhalten beträgt $^5/_7$.

          ZOZ: Fall 1: 1. Zug: Rote Kugel   => W(Rote Kugel im 2. Zug) = $^4/_6$
                  Fall 2: 1. Zug: Weiße Kugel => W(Rote Kugel im 2. Zug) = $^5/_6$

          Hier wird das Ergebnis des zweiten Zuges vom ersten abhängig. Die beiden Ereignisse sind voneinander abhängig.

14.04.99

Weiteres Beispiel: 7 Kugeln (5 rot, 2 weiß) $\overline{A}$ = Kugel im 1. Zug ist weiß.

          Ziehen ohne Zurücklegen

          A=Kugel in 1. Zug ist rot
          B=Kugel in 1. Zug ist weiß

          $W(B|A) = {}^1/_3$ =>   Wahrscheinlichkeit für das Eintreten von B, falls A eingetreten ist.

          $W(B|\overline{A}) = {}^1/_6$ =>   A nicht eingetreten

Zwei Ereignisse A, B heißen unabhängig (es gibt keinen gegenseitigen Einfluß), falls $W(B|A) = W(B|\overline{A}) = W(B)$.

Allgemeiner Multiplikationssatz

Es gilt:
          $W(A \cap B) = W(A) * W(B|A)$ => B gegeben A

Falls A und B unabhängig sind, gilt sogar:
          $W(A \cap B) = W(A) * W(B)$

Beispiel: Urnenbeispiel (ZOZ):
             $W(B|A) = {}^1/_3 \neq {}^1/_6 = W(B|\overline{A})$ => also A und B sind abhängig.

Zufallsexperiment:	Zweimaliges Würfeln mit 1 Würfel

Zufallsexperiment: Zweimaliges Würfeln mit 1 Würfel
A=6 im 1. Wurf
B= Augensumme $\geq$ 11 nach 2 Würfen

$W(B|A)=^2/_6$
$W(B|\overline{A})=^1/_{30}$

$$\Omega = \{(1,1);(1,2);(1,3);(1,4);(1,5);\{1,6)$$
$$(2,1);(2,2);(2,3);(2,4);(2,5);\{2,6)$$
$$(3,1);(3,2);(3,3);(3,4);(3,5);\{3,6)$$
$$(4,1);(4,2);(4,3);(4,4);(4,5);\{4,6)$$
$$(5,1);(5,2);(5,3);(5,4);(5,5);\{5,6)$$
$$\mathit{(6,1);(6,2);(6,3);(6,4);(6,5);\{6,6)}\}$$

kursiv: A eingetreten

$W(B)=^3/_{36}$
$W(A\cap B)=W(A)*W(B|A)= {}^1/_6*{}^2/_6=^2/_{36}$

Weiteres Beispiel: Zwei Jäger schießen auf einen Hasen,
Treffergenauigkeit: Jäger 1:   0,3
                                  Jäger 2:   0,6
Mit welcher Wahrscheinlichkeit wird der Hase nicht getroffen?

A=Jäger 1 trifft
B=Jäger 2 trifft
$\cup \cap$
$W(A\cup B)=W(A)+W(B)-W(A\cap B)=0,3+0,6-(0,3*0,6)=\underline{0,72}$

Weiteres Beispiel: Münze 3x geworfen

A: Bild in 1 und 2
B: Bild in allen 3 Würfen

$W(B|A)=^1/_2$
$W(B|\overline{A})=0$
$W(B)=(^1/_2)^3$

Zufallsvariablen

Eine Funktion X, die jedem EE eine reelle Zahl zuordnet heißt Zufallsvariable (ZV).

Beispiel: Werfen mit 2 Würfeln
X ordnet jedem EE die Augensumme zu:
$X(1,6)=7$
$X(6,6)=12$
$W(X\leq 4)={}^6/_{36}$
$W(5\leq X\leq 7)={}^{15}/_{36}$

$W(a\geq X\geq b)$ gibt die Wahrscheinlichkeit an, daß die Zufallsvariable X einen Wert zwischen a und b annimmt.

Wichtige Unterscheidung:

> X heißt stetige Zufallsvariable, falls X theoretisch jeden Wert aus einem Intervall reeller Zahlen annehmen kann, andernfalls heißt X diskrete Zufallsvariable.

Beispiel: Qualitätskontrolle
Die Zufallsvariable X ordnet jeder Stichprobe der Größe 50 die Anzahl der defekten Stücke zu. X kann Werte zwischen 0 und 50 annehmen (nur ganze Zahlen). X ist diskret.

> Die Zufallsvariable X ordnet jeder Waschmaschine die Zeit bis zur 1. Reparatur zu. Theoretisch ist X stetig.

Bernoulliexperiment

Ein Bernoulliexperiment besteht aus n Bernoulliversuchen. Ein Bernoulliversuch ist ein Zufallsexperiment, das nur 2 Ausgänge hat.

> A heißt Erfolg, $\overline{A}$ Mißerfolg
> Weiterhin muß $W(A)$ bekannt sein.
> $W(\overline{A})=1-W(A)$

Die Bernoulliversuche beeinflussen sich nicht.

Beispiel: Ein Spieler nimmt an einer Lotterie teil. Die Wahrscheinlichkeit für Erfolg (A) beträgt 20%. **=> Bernoulliversuch**
Der Spieler nimmt 3x teil. **=> Bernoulliexperiment**
Sei nun X die Zufallsvariable, die die Anzahl der Erfolge des Spielers bezeichnet.
0=Niete($\overline{A}$); 1=Erfolg (A)

Ergebnis	X	Wahrscheinlichkeit
(0,0,0)	0	0,8*0,8*0,8=0,512
(1,0,0)	1	0,2*0,8*0,8=0,128
(0,1,0)	1	0,8*0,2*0,8=0,128
(0,0,1)	1	0,8*0,8*0,2=0,128
(1,1,0)	2	0,2*0,2*0,8=0,032
(1,0,1)	2	0,2*0,8*0,2=0,032
(0,1,1)	2	0,8*0,2*0,2=0,032
(1,1,1)	3	0,2*0,2*0,2=0,008

X	0	1	2	3
W	0,512	0,384	0,096	0,008
	W(X=0)	W(X=1)	W(X=2)	W(X=3)

Binomialkoeffizient

sei k≤n   n∈/N

dann ist $\dbinom{n}{k} = \dfrac{n!}{(n-k)!*k!}$

$$\binom{n}{0} = \binom{n}{n} = 1$$

Beispiel: $\dbinom{6}{3} = \dfrac{6!}{3!*3!} = 20$

vereinfacht: $\dbinom{6}{3} = \dfrac{6*5*4}{3*2*1} = 20$

(1,1,1,0,0,0)
(0,1,0,1,0,1)   -> 20 unterschiedliche Ausprägungen
...

Beispiel: n=30; 7 Erfolge
$(0,2)^7*(0,8)^{23}=0,00000007558$

$$\binom{30}{7} = \frac{30*29*28*27*26*25*24}{7*6*5*4*3*2*1} = 2.035.800$$

Lotto (6 aus 49): $\binom{49}{6} = \frac{49*48*47*46*45*44}{6*5*4*3*2*1} = 13.983.816$

Ein Bernoulliversuch wurde n-mal durchgeführt. Bei jeder Durchführung ist die Wahrscheinlichkeit für das Auftreten von Erfolg (A) gleich. Die Zufallsvariable X gibt die Anzahl der Erfolge bei n Versuchen an. Dann heißt X binomialverteilt mit den Parametern n und p.

$$W(X = x) = \binom{n}{x} p^x (1-p)^{n-x}$$

$0 \leq x \leq n$

Lotteriebeispiel:
n=3, p=0,2

$$W(X = 0) = \binom{3}{0} 0,2^0 (0,8)^3 \quad = \quad 0,512$$

$$W(X = 1) = \binom{3}{1} 0,2^1 (0,8)^2 \quad = \quad 0,384$$

$$W(X = 2) = \binom{3}{2} 0,2^2 (0,8)^1 \quad = \quad 0,096$$

$$W(X = 3) = \binom{3}{3} 0,2^3 (0,8)^0 \quad = \quad 0,008$$

$$\Sigma = 1$$

Beispiel: Man weiß, daß eine Maschine 5% Ausschuß produziert. Ein Abnehmer untersucht 100 Teile und verwirft die Lieferung, falls mehr als 3 Teile defekt sind. Wie groß ist die Wahrscheinlichkeit, daß der Lieferer die Ware los wird?

p=0,05 (Wahrscheinlichkeit für defekte Teile)
n=100 (100 Teile werden untersucht)

W(X>3)=W(X=4)+W(X=5)+...+W(X=100)
W(X≤3)=1-W(X>3)

W(X≤3)=W(X=0)+W(X=1)+W(X=2)+W(X=3)

$$W(X = 0) = \binom{100}{0} 0,05^0 * 0,95^{100} = 1*1*0,0059205 \qquad = \quad 0,6\%$$

$$W(X = 1) = \binom{100}{1} 0,05^1 * 0,95^{99} = 100*0,05*0,0062321 \qquad = \quad 3,1\%$$

$$W(X = 2) = \binom{100}{2} 0,05^2 * 0,95^{98} = 4950*0,0025*0,0065601 \qquad = \quad 8,1\%$$

$$W(X = 3) = \binom{100}{3} 0,05^3 * 0,95^{97} = 161700*0,000125*0,0069054 \qquad = \quad 13,96\%$$

$$\Sigma = 25,78\%$$

=> mit 25,78%iger Wahrscheinlichkeit behält der Kunde die Lieferung!

Beispiel:	Produktionslos Glühbirnen 100.000 (Ausschuß 5%)
	Stichproben von 100 Stück

$$\frac{n}{N} \leq 0,05 \Rightarrow \text{Binomialverteilung}$$

Eine Warenlieferung von 100 Glühbirnen enthält 10% Ausschuß. Wie groß ist die Wahrscheinlichkeit, daß in einer Stichprobe (ZOZ) von 4 Glühbirnen genau 1 defekt ist?

Da die Wahrscheinlichkeit für das Ziehen einer defekten Birne vom Ergebnis der vorher durchgeführten Ziehungen abhängig ist (p verändert sich), liegt kein Bernoulliexperiment vor.

Falls $\frac{n}{N} \leq 0,05$, dann ist die Binomialverteilung eine feste Näherung in dieser Situation. Im Beispiel ergibt sich:

$$W(X=1) \approx \binom{4}{1} 0,1^1 * 0,9^3 = 0,2916 \qquad \text{(Näherung!)}$$

<u>Die Wahrscheinlichkeit und die Verteilungsfunktion einer diskreten Zufallsvariablen</u>

Vorgegeben sei eine diskrete Zufallsvariable X, welche die Werte x_1, x_2, ..., x_n annehmen kann. Dann heißt die Funktion f mit

$$f(x_i)=W(X=x_i) i=1,2,3,...$$

die Wahrscheinlichkeitsfunktion von X.

Beispiel:	Würfeln mit 2 Würfeln
	X weißt jedem Wurf die Augensumme zu.

x_i	2	3	4	5	6	7	8	9	10	11	12
$f(x_i)$	$^1/_{36}$	$^2/_{36}$	$^3/_{36}$	$^4/_{36}$	$^5/_{36}$	$^6/_{36}$	$^5/_{36}$	$^4/_{36}$	$^3/_{36}$	$^2/_{36}$	$^1/_{36}$

$f(x) = W(X=x)$

Beispiel: Werfen von 3 Münzen
X: Anzahl der Münzen mit Zahl
gesucht: Wahrscheinlichkeitsfunktion

x_i	0	1	2	3
$f(x_i)$	$^1/_8$	$^3/_8$	$^3/_8$	$^1/_8$

$W(X=0) = {}^1/_8$

Verteilungsfunktion

$F(x) = W(X \leq x)$
F gibt die Wahrscheinlichkeit dafür an, daß X höchstens den Wert x annimmt.
Beispiel Münzwurf: $F(0) = W(X \leq 0) = {}^1/_8 = f(0)$
$F(1) = W(X \leq 1) = {}^4/_8 = f(1)+f(0)$
$F(2) = W(X \leq 2) = {}^7/_8 = f(2)+f(1)+f(0)$
$F(3) = W(X \leq 3) = {}^8/_8 = f(3)+ f(2)+f(1)+f(0)$

Erwartungswert und Varianz einer diskreten Zufallsvariablen

Definition Erwartungswert:

$$E(X) = \mu_x = \sum_{i=1}^{n} x_i * f(x_i)$$

E(X) gibt an, welcher Wert im Durchschnitt (bei häufiger Wiederholung des ZE) zu erwarten ist ($\approx \overline{X_A}$ in diskreter Statistik) .

Beispiel Münzwurf:

$$E(X) = 0*{}^1/_8 + 1*{}^3/_8 + 2*{}^3/_8 + 3*{}^1/_8 = 1,5$$

Beispiel Würfel:

Wurf	Gewinn (+), Verlust (–)
1	+6
2	-10
3	+18
4	-20
5	+30
6	-30

$E(X) = 6*{}^1/_6 + (-10)* {}^1/_6 + 18*{}^1/_6 + (-20)* {}^1/_6 + 30*{}^1/_6 + (-30)*{}^1/_6 = -1$
d.h.: Pro Versuch wird 1,- Verlust gemacht (theoretisch).

$$W(X) = \sigma^2 = \frac{\sum (x_i - \overline{X_A})^2}{n}$$

Definition Varianz: $V(X) = \sigma_x^2 = \Sigma(x_i - E(x))^2 * f(x_i)$

V gibt die Abweichung vom Erwartungswert an.

$$\sigma_x = \sqrt{V(x)} = \sqrt{\Sigma(x_i - E(x))^2 * f(x_i)}$$

Beispiel Münzwurf: $\sigma_x^2 = (0-1,5)^2 * {}^1/_8 + (1-1,5)^2 * {}^3/_8 + (2-1,5)^2 * {}^3/_8 + (3-1,5)^2 * {}^1/_8 = 0,75$

$\sigma = 0,866$

Beispiel Glücksspiel:

$\sigma_x^2 = (6-(-1))^2 * {}^1/_6 + (-10-(-1))^2 * {}^1/_6 + (18-(-1))^2 * {}^1/_6 + (-20-(-1))^2 * {}^1/_6 + (30-(-1))^2 * {}^1/_6 + (-30-(-1))^2 * {}^1/_6$

$\sigma_x^2 = 442 {}^1/_3$

$\sigma = 21,03$

$E(X) \pm \sigma \;\rightarrow\;$ hier befinden sich ${}^2/_3$ aller Fälle

einfachere Formel für V:

$$\sigma_x^2 = \left(\sum x_i^2 * f(x_i) \right) - E(x)^2$$

Erwartungswert und Varianz einer binomial verteilten ZV

Wahrscheinlichkeitsfunktion einer solchen ZV:

$$f(x) = \binom{n}{x} * p^x * (1-p)^{n-x}$$

p = Erfolgswahrscheinlichkeit im Zufallsexperiment
n = Anzahl der Zufallsexperimente
x = Anzahl der Erfolge

Beispiel: Eine Maschine liefert 5% Ausschuß. Es wird eine Stichprobe von 25 Teilen entnommen.
p=0,05
ð   Im Durchschnitt wird man 25*0,05=1,25 defekte Teile in einer solchen Stichprobe finden.

Allgemein gilt für E(X) einer binomialverteilten Zufallsvariablen:

E(X)=n*p   und   V(X)=σ²=n*p*(1-p)

Im Beispiel gilt V(X)= σ²=25*0,05*0,95=1,1875   σ=1,0897

Stetige Verteilung

Dichtefunktion einer stetigen Zufallsvariablen

Für stetige Zufallsvariablen gilt $W(X=a)=0$ (ansonsten erhält man einen Widerspruch) => Konzept der Wahrscheinlichkeitsfunktion muß bei stetigen Zufallsvariablen ersetzt werden.

Dichtefunktion f(x)

Für diese gilt:

a) $f(x) \geq 0$
b)   Die Fläche zwischen der x-Achse und f(x) über dem Intervall [a,b] gibt die Wahrscheinlichkeit an, daß x einen Wert aus dem Intervall [a,b] annimmt.

$$W(a \leq X \leq b = \int_a^b f(x) * d(x)$$

c)   Die Gesamtfläche unterhalb von f(x) und oberhalb der x-Achse ist 1.

Beispiel: X: Verspätung des Dozenten A
                A kommt mindestens 5 und maximal 15 Minuten zu spät. Jede Verspätung innerhalb dieses Intervalls ist gleich wahrscheinlich.

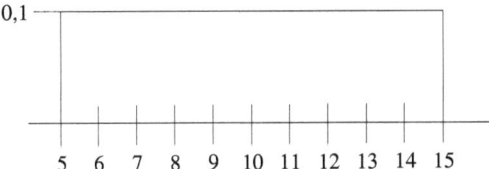

$$f(x) = \begin{cases} 0 \text{ für } x < 5 \\ 0{,}1 \text{ für } 5 \leq x \leq 15 \\ 0 \text{ für } x > 15 \end{cases}$$

Die wichtigste stetige Dichtefunktion ist die der Normalverteilung (NV). Eine Zufallsvariable X nennt man normalverteilt mit den Parametern μ (Erwartungswert) und σ^2 (Varianz) wenn sie folgende Dichtefunktion hat:

$$f_N(x \mid \mu, \sigma^2) = \frac{1}{\sigma\sqrt{2\Pi}} * e^{-\frac{1}{2}\left(\frac{x-\mu}{\sigma}\right)^2}$$

e=2,718... (Euler'sche Konstante)
Π=3,1415926538...

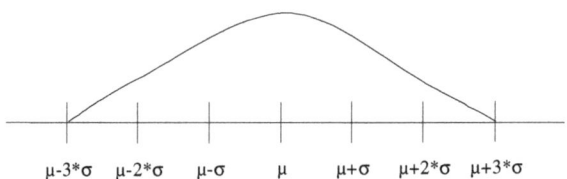

μ-3*σ μ-2*σ μ-σ μ μ+σ μ+2*σ μ+3*σ

$f_N(x|0,1)$ ist die Dichtefunktion der Standardnormalverteilung

Verteilungsfunktion der Normalverteilung

sei X normalverteilt mit μ, σ^2, dann ist

$$F(x) = W(X \le x) = \int_{-\infty}^{x} f_N(x \mid \mu, \sigma^2) * dx$$

$\int_{-\infty}^{x} f_N(x \mid \mu, \sigma^2)$ = Fläche unterhalb der Dichtefunktion über dem Intervall $[-\infty, x]$

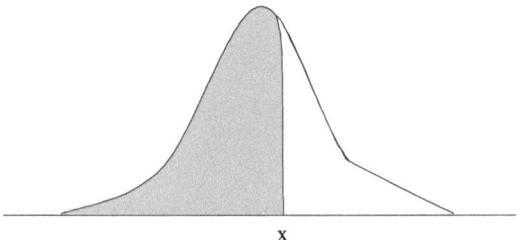

x

Die Wahrscheinlichkeitsfunktion der Standardnormalverteilung

$F_{SN}(z)$ liegt tabelliert vor

$F_{SN}(Z) = \Phi(z)$

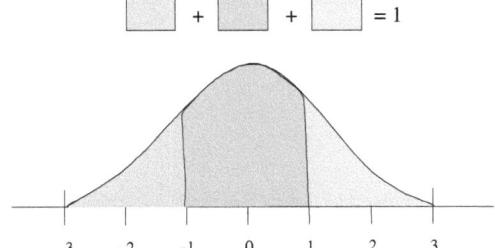

| | + | | + | | = 1 |

$F_{SN}(-1)=0,1587$ => -1 oder kleiner
$F_{SN}(1)=0,8413$ => $F_{SN}(1)=1-F_{SN}(-1)$

Beispiel: Der Getränkeabsatz sei normalverteilt mit μ=10.000 Liter und σ=2.000 Liter.
Frage:

$W(X \geq 14.000)$
$W(10.000 \leq X \leq 12.000)$
$W(X \leq 9.000)$

X kann zurückgeführt werden: $\dfrac{X - \mu}{\sigma} = Z$ (standardisierte ZV)

$$W\left(Z \leq \left(\frac{9000 - 10000}{2000}\right)\right) = W(Z \leq (-0{,}5)) = 0{,}3085$$

=> Wahrscheinlichkeit, daß weniger als 9.000 Liter abgesetzt werden ist 30,85 %

$Z \geq 2 = 1 - 0{,}9772 = 2{,}28\%$ (siehe Tabelle).

Sei X eine $N(\mu,\sigma^2)$ verteilte Zufallsvariable. Wie kann man für diese vorgegebene ZV die Tabelle der Standardnormalverteilung nutzen?

Es besteht folgender Zusammenhang: X läßt sich durch die Umrechnung $Z = \dfrac{x-\mu}{\sigma}$ in eine standardnormalverteilte Zufallsvariable transformieren.

Es gilt also: $\left(F(x \mid \mu,\sigma^2) = F_{SN}\left(\dfrac{x-\mu}{\sigma}\right) \right)$

Beispiel: Eine Abfüllanlage ist so eingestellt, daß die Zufallsvariable X: abgefüllte Menge in einer Flasche normalverteilt ist mit $\mu=1000$ccm und $\sigma^2=9$.

1. Wie groß ist die Wahrscheinlichkeit, daß weniger als 1004 ccm in einer Flasche sind?
2. Wie groß ist die Wahrscheinlichkeit, daß mehr als 1009 ccm in einer Flasche sind?
3. Wie groß ist die Wahrscheinlichkeit, daß zwischen 998 und 1004 ccm in einer Flasche sind?

Lösung:

1. $W(X \leq 1004) = F_{SN}\left(\dfrac{1004-1000}{3}\right) = F_{SN}(1,33) = 0,9082$

2. $W(X > 1009) = F_{SN}(3) = 0,0013$

3. $W(998 \leq X \leq 1004) = F_{SN}\left(\dfrac{4}{3}\right) - F_{SN}\left(\dfrac{-2}{3}\right) = 0,9082 - 0,2514 = 0,6568$

Sigma-Intervalle einer Normalverteilung (σ-Verteilung)

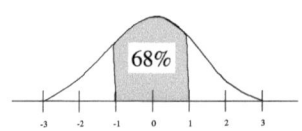

$W(\mu-\sigma \leq X \leq \mu+\sigma)$ = 68%
$W(\mu-2\sigma \leq X \leq \mu+2\sigma)$ = 95,5%
$W(\mu-3\sigma \leq X \leq \mu+3\sigma)$ = 99,7%

Beispiel: Maschine: Soll 100 cm, $\sigma^2=4$, $\sigma=2$
=> Zwischen 98 und 102 cm liegen 68%

Beispiel: Münzwurf: n=10.000

Mit welcher Wahrscheinlichkeit liegt das Erscheinen von Wappen zwischen 4.900 und 4.950?

Exakte Lösung: $W(4900 \leq X \leq 4950)$ $=$ $\binom{10000}{4900} * \frac{1}{2}^{4900} * \frac{1}{2}^{5100}$

$+$ $\binom{10000}{4901} * \frac{1}{2}^{4901} * \frac{1}{2}^{5099}$

$+$ $\binom{10000}{4902} * \frac{1}{2}^{4902} * \frac{1}{2}^{5098}$

$+$ ...

$+$ $\binom{10000}{4950} * \frac{1}{2}^{4950} * \frac{1}{2}^{5050}$

$=>$ Lösung ist praktisch nicht zu berechnen!

Ausweg: Gilt für eine binomial Zufallsvariable

$n*p*(1-p)>9,$

so kann man diese durch eine normalverteilte Zufallsvariable ersetzen mit

$$W(X \leq x) = F_{SN}\left(\frac{x - n*p}{\sqrt{n*p(1-p)}}\right)$$

Im Beispiel gilt:

$$F_{SN}\left(\frac{4950 - 10000 * \frac{1}{2}}{\sqrt{5000*(1-0,5)}}\right) = F_{SN}(-1)$$

$$F_{SN}\left(\frac{4900 - 10000 * \frac{1}{2}}{\sqrt{5000*(1-0,5)}}\right) = F_{SN}(-2)$$

$F_{SN}(-1) - F_{SN}(-2) = 0,1359$

$W(X \leq x) = F_{N0,5}(x \mid n*p, n*p*(1-p))$ => $np = \mu$, $np(1-p) = \sigma^2$

X: Münzwurf (10.000 mal)

?: $W(4900 \leq X \leq 4950) \approx F_N(4950) - F_N(4900)$

$$F_{SN}\left(\frac{4950-5000}{50}\right) - F_{SN}\left(\frac{4900-5000}{50}\right) = F_{SN}(-1) - F_{SN}(-2) = 0{,}1359 = 13{,}59\%$$

$\mu = n*p = 10000*0{,}5 = 5000$

$\sigma = \sqrt{n*p(1-p)} = \sqrt{10000*0{,}5(0{,}5)}$

Stetigkeitskorrektur

Häufig wird die Stetigkeitskorrektur benutzt. Diese sieht wie folgt aus:

$$W(X \leq x) = F_{SN}\left(\frac{x+0{,}5-n*p}{\sqrt{n*p(1-p)}}\right)$$

Wichtig im Fall: $$W(X \leq x) = F_{SN}\left(\frac{x+0{,}5-n*p}{\sqrt{n*p(1-p)}}\right) - F_{SN}\left(\frac{x-0{,}5-n*p}{\sqrt{n*p(1-p)}}\right)$$

Beispiel: Lebensversicherung:

Alter	Überlebenshäufigkeit
0	100%
1	99,4%
.	.
.	.
.	.
30	98,7%
40	98,1%

Annahme: Ein 30-jähriger hat die Wahrscheinlichkeit von 99,4% 40 Jahre
              alt zu werden. W(Tod)= 0,6%=0,006.
              100.000 30-jährige sind versichert. Im Todesfall werden
              200.000,- bezahlt, sonst nichts (Risikolebensversicherung).
              Die Prämie/Versicherungsnehmer beträgt 1.300,-.
              Mit welcher Wahrscheinlichkeit macht die Versicherung keinen
              Verlust?

              Sei X die Anzahl der Toten, dann ist X binomialverteilt mit
              n=100.000 und p=0,006.

              n*p(1-p)=596,4 > 9   =>   daher kann NV verwendet werden.

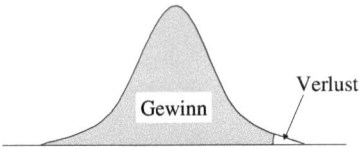

              X ist normalverteilt mit μ = 100.000*0,006.
              σ^2=100.000*0,006*0,994=596,4 -> σ=24,42

Die Gesamteinnahmen betragen 100.000*1.300,- = 130.000.000,-
Daraus lassen sich 650 Schadensfälle regulieren.

$$F_{SN}\left(\frac{650-100.000*0,006}{\sqrt{596,4}}\right)$$

F_{SN}(2,048)=0,9798   => W., keinen Verlust zu machen beträgt 97,98%.
                         => W(X≤650)

Die Wahrscheinlichkeit der Verluste beträgt 1-0,9798=0,0202(≈2%).

=>   Für n≥10.000 kann die Stetigkeitskorrektur entfallen!

Seien die X_i normalverteilte ZV mit Erwartungswert μ_i und Varianz σ^2_i.
Dann ist die Summe der ZV normalverteilt mit $\mu=\mu_1+\mu_2+...+\mu_n$ und $\sigma^2=\sigma^2_1+\sigma^2_2+...+\sigma^2_n$.

Beispiel: Ein Kasten Bier enthält 20 Flaschen. Das Gewicht der Flaschen ist normalverteilt mit $\mu=500gr$ und $\sigma^2=4gr^2$.
Das Gewicht des Kastens ist normalverteilt mit $\mu=1000gr$ und $\sigma^2=9gr^2$.

Dann ist das Füllen des Kastens normalverteilt mit
$$\mu=20*500gr^2+1.000gr=11.000gr$$
und
$$\sigma^2=20*4gr^2+9gr^2=89gr^2$$
$$\sigma=9,434gr$$

02.06.99

Vertrauenskontrolle (Konfidenzintervall)

Wann kann man dem Ereignis einer Stichprobe „vertrauen"?

Hilfsmittel: $\quad Z_{1-\frac{\alpha}{2}} \quad 0 \le \alpha \le 1$

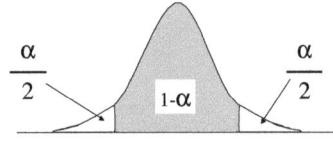

zu $Z_{1-\frac{0,05(5\%)}{2}}$ gehört $Z_{1-\frac{\alpha}{2}} = 1,96$

$\alpha = 0,1 \qquad Z_{1-\frac{\alpha}{2}} = 1,645$

$\alpha = 0,01 \qquad Z_{1-\frac{\alpha}{2}} = 2,575$

$$F_{SN}\left(Z_{1-\frac{\alpha}{2}}\right) = 1 - \frac{\alpha}{2}$$

Zentraler Grenzwertsatz für Stichproben

Beispiel: Stichprobe von 50 Studenten (interessierende Variable: Einkommen).
X_i=Ergebnis der Befragung des i-ten Studenten (Einkommen des i-ten Studenten in der Stichprobe).
Dann ist $X_1+X_2+X_3+...+X_n$ = „Gesamteinkommen der Stichprobe".
Weiterhin $\frac{1}{50}(X_1 + X_2 + ... + X_{50}) = "\overline{X_A}"$ der Einkommen

Zentraler Grenzwertsatz

Vorgegeben seinen n vorgegebene Zufallsvariablen $X_1 + \ldots + X_n$.

Es gilt: $E(\overline{X}_i) = \mu$ und $V(\overline{X}_i) = \sigma^2$

Dann ist die Zufallsvariable $\overline{X} \frac{1}{50}(X_1 + \ldots + X_n)$ normalverteilt mit

$$E(\overline{X}_i) = \mu \quad \text{und} \quad V(\overline{X}_i) = \frac{\sigma^2}{n} \qquad \Rightarrow \qquad n = \text{Stichprobengröße}$$

Wichtig!:   Dieser Satz gilt erst ab $n \geq 50$

Beispiel: Einkommensverteilung

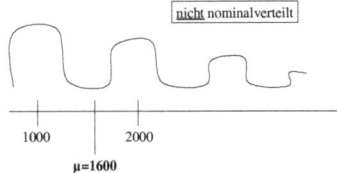

Wir nehmen 1000 Stichproben (à 50 Studenten -> n=50) Dann sieht die Verteilung der Stichprobenmittelwerte so aus:

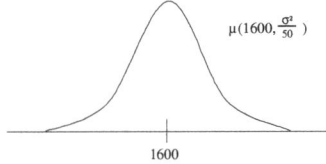

Je größer die Stichprobe, desto genauer wird das Ergebnis der Streuung.

Beispiel: Eine Stichprobe von 1600 Ladendiebstählen ergab, daß im Durchschnitt Waren im Wert von 101,50 DM entwendet wurden.

Die Streuung in dieser Stichprobe betrug 3600 DM² => σ = 60 DM

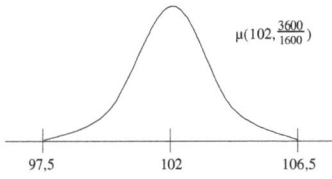

=> 99,74% der Werte liegen zwischen 97,5 und 106,5, d. h. man kann dem Wert vertrauen, da er nah beim Durchschnitt liegt. Je kleiner die Streuung, desto genauer der Wert.

Gesucht wird der wahre Wert (μ). Vorhanden ist Stichprobenergebnis und Stichprobenstreuung $\left(\dfrac{\sigma^2}{n} \right)$.

Dann bildet man ein $(1-\alpha)*100$ Konfidenzintervall für den gesuchten Wert in der Grundgesamtheit folgendermaßen:

Konfidenzintervall

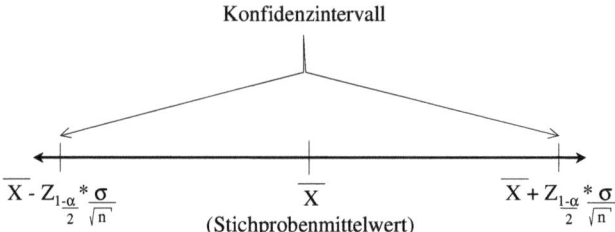

$$\overline{X} - Z_{1-\frac{\alpha}{2}} * \frac{\sigma}{\sqrt{n}} \qquad \overline{X} \text{ (Stichprobenmittelwert)} \qquad \overline{X} + Z_{1-\frac{\alpha}{2}} * \frac{\sigma}{\sqrt{n}}$$

Mit 95%iger Wahrscheinlichkeit liegt der tatsächliche Wert zwischen $-\overline{X}$ und $+\overline{X}$.

Interpretation des Konfidenzintervalls

Das Konfidenzintervall überdeckt mit einer Wahrscheinlichkeit von den gesuchten Wert aus der Grundgesamtheit, d. h. bei häufiger Wiederholung der Stichprobe werden $(1-\alpha)*100$ (%) der zugehörigen Konfidenzintervalle den gesuchten Wert enthalten.

09.06.1999

$$\overline{X}_A \pm Z_{1-\frac{\alpha}{2}} * \frac{\sigma}{\sqrt{n}}$$

Wann kann man solch ein Konfidenzintervall bilden?

1. Fall: Das untersuchte Merkmal ist normalverteilt in der Grundgesamtheit. Dann ist die Größe von n beliebig
2. Fall: Die Verteilung des zu untersuchenden Merkmals ist nicht bekannt bzw. nicht normalverteilt. Dann muß $n \geq 50$ sein.

Ist die Streuung σ^2 des zu untersuchenden Merkmals in der Grundgesamtheit bekannt, so verwendet man σ zur Konfidenzintervallberechnung, andernfalls verwendet man als Schätzung für σ die Streuung in der Stichprobe, wobei man diese Streuung folgendermaßen berechnet:

$$\sigma^2 = \hat{\sigma}^2 = \frac{1}{n-1} * \sum \left(X_i - \overline{X}_A \right)^2 \qquad \sigma^2\text{->Stichprobe; ^->Näherung/Schätzung}$$

Beispiel: σ^2 in der Grundgesamtheit 4 Semester²
              $\overline{X_A}$ =9,2 Semester (Stichprobenergebnis)
              n=200
              Gesucht: 99%-Konfidenzintervall für durchschnittliche Studiendauer

99%-KI: $9,2 \pm 2,58 * \dfrac{2}{\sqrt{200}}$ KI [8,84;9,56]

80%-KI: $9,2 \pm 1,28 * \dfrac{2}{\sqrt{200}}$ KI [9,02;9,38]

Konfidenzintervalle für Anteilswerte

Beispiel: Anteil der SPD an der Grundgesamtheit
              Anteil der berufstätigen Väter in Wiesbaden
              Anteil der Raucher in Deutschland

              ð   Anteil * 100 hat die Einheit %

Falls

       n*p*(1-p) ≥ 9 (p-Anteil, der untersucht wird)

gilt für das (1-α)*100 (%) Konfidenzintervall:

untere/obere Grenze: $\hat{p} \pm Z_{1-\frac{\alpha}{2}} * \dfrac{\sqrt{\hat{p}(1-\hat{p})}}{\sqrt{n}}$

              $\hat{p}$ = Anteil in der Stichprobe
              n = Größe der Stichprobe

Bei Überprüfung der Bedingung n*p*(1-p) setzt man für p einfach $\hat{p}$.

Beispiel: Von 200 befragten Konsumenten kennen 63 das Waschmittel XYZPE.
              Gesucht: 95%-KI für den Bekanntheitsgrad von XYZPE.

              200*0,315*0,685=43,16 ≥ 9 -> *Bedingung erfüllt*

              $0,315 \pm 1,96 * \dfrac{\sqrt{0,315*(1-0,315)}}{\sqrt{200}}$

              0,315±0,0643786   -> KI-Breite: 12,8%
              KI [0,251;0,379]

Exkurs: $\dfrac{\sqrt{a}}{\sqrt{b}} = \sqrt{\dfrac{a}{b}}$

Frage: Wie groß muß die Stichprobengröße gewählt werden, damit die KI-Breite 5% nicht überschreitet?

Ist p nicht bekannt, so nimmt man für p den Wert 0,5

$$\hat{p}(1-\hat{p}) => 0,25 => 0,025 = 1,96 * \sqrt{\frac{0,25}{n}}$$

$$n = \frac{1,96^2}{0,025^2} * 0,25$$

<u>n=1533</u>

16.06.99

Formel zum Bestimmen von Δp:

$$\Delta p = Z_{1-\frac{\alpha}{2}} * \sqrt{\frac{p(1-p)}{n}}$$

Formel zum Bestimmen von n (zum Herausfinden der Stichprobengröße, wenn Δp verändert werden soll:

$$n = \frac{Z^2_{1-\frac{\alpha}{2}} * p * (1-p)}{\Delta p^2}$$

Ist p nicht bekannt, so gibt es zwei Möglichkeiten:

1. Für p wird 0,5 angenommen (größtmöglicher Wert; s. o.)
2. Man führt eine Konfidenzintervall-Vorstichprobe durch. Das dort festgestellte p verwendet man zur Bestimmung von n.

<u>Stichprobengröße bei KI für den Erwartungswert</u>

$$n = \frac{Z^2_{1-\frac{\alpha}{2}} * \sigma^2}{\Delta x^2}$$ σ^2 = Varianz in der Grundgesamtheit

Falls σ^2 bekannt ist, wird es in die Formel eingesetzt. Andernfalls führt man eine Vorstichprobe oder eine Literatursuche durch, um Anhaltspunkte für σ^2 zu bekommen.

Beispiel: Aufgabe 3a aus Übungsblatt 3:
              95%KI [72,64;77,36]
              $\overline{X}_A$ = 75m²

              Aufgabe 3d: Wieviel Haushalte müssen analysiert werden, falls Δx=1 betragen soll.

              $$n = \frac{1,96^2 * 144}{1^2} = 553,1904 \approx 554$$

- 30 -

Inhaltsverzeichnis

Formelsammlung 2. Semester

Regressionsanalyse

$$\hat{y} = a + bx$$

$$b = \frac{\sum (x_i - \overline{X_A}) * (y_i - \overline{Y_A})}{\sum (x_i - \overline{X_A})^2}$$

$$a = \overline{Y_A} - b\overline{X_A}$$

Das Bestimmtheitsmaß (Determinationskoeffizient) R^2

$$(y_i - \overline{y_A}) = (y_i - \hat{y}_i) + (\hat{y}_i - \overline{y_A})$$

$$\sum (y_i - \overline{y_A}) = \sum (y_i - \hat{y}_i) + \sum (\hat{y}_i - \overline{y_A}) .$$

$$\underbrace{\sum (y_i - \overline{y_A})^2}_{SQT} = \underbrace{\sum (y_i - \hat{y}_i)^2}_{SQE} + \underbrace{\sum (\hat{y}_i - \overline{y_A})^2}_{SQR}$$

$$R^2 = \frac{SQE}{SQT} = \frac{erklärte\ Streuung}{Gesamtstreuung}$$

$$R^2 = \frac{SQE}{SQT} = \frac{SQT - SQR}{SQT} = 1 - \frac{SQR}{SQT}$$

Korrelationskoeffizient

$$R = \frac{\frac{1}{n}\sum (x_i - \overline{x_A}) * (y_i - \overline{y_A})}{\sqrt{\frac{1}{n} * \sum (x_i - \overline{x_A})^2} * \sqrt{\frac{1}{n} * \sum (y_i - \overline{y_A})^2}}$$

$$\sqrt{\frac{1}{n} * \sum (x_i - \overline{x_A})^2} = \sigma_x$$

$$\sqrt{\frac{1}{n} * \sum (y_i - \overline{y_A})^2} = \sigma_y$$

Man nennt $\frac{1}{n}\sum (x_i - \overline{x_A}) * (y_i - \overline{y_A})$ **Kovarianz** der Variablen x;y.

$$R = \frac{\sum (x_i - \overline{x_A}) * (y_i - \overline{y_A})}{\sqrt{\sum (x_i - \overline{x_A})^2} * \sqrt{\sum (y_i - \overline{y_A})^2}} = \frac{S_{xy}}{S_x * S_y}$$

$$\sqrt{\sum (x_i - \overline{x_A})^2} = S_x$$

$$\sqrt{\sum (y_i - \overline{y_A})^2} = S_y$$

$$b = \frac{Kovarianz\ von\ x, y}{\sigma_x^2} = R\frac{\sigma_y}{\sigma_x} = R\frac{S_y}{S_x}$$

$$b = R\frac{S_y}{S_x} \qquad R = \frac{bS_x}{S_y}$$

Statistische Definition der Wahrscheinlichkeit (R. von Mises)

$$\lim_{n \to \infty} = \frac{h_n(A)}{n} = W(A) \quad \text{(falls } f_n(A) \text{ sich stabilisiert)}$$

Additionssatz für *beliebige* Ereignisse A,B

$$W(A \cup B) = W(A) + W(B) - W(A \cap B)$$

Allgemeiner Multiplikationssatz

$W(A \cap B) = W(A) * W(B|A)$ => B gegeben A

Falls A und B unabhängig sind, gilt sogar:

$W(A \cap B) = W(A) * W(B)$

Binomialkoeffizient

sei $k \leq n \quad n \in /N$

dann ist $\binom{n}{k} = \frac{n!}{(n-k)! * k!}$

$$\binom{n}{0} = \binom{n}{n} = 1$$

$$W(X = x) = \binom{n}{x} p^x (1-p)^{n-x}$$

$0 \leq x \leq n$

$\frac{n}{N} \leq 0,05 \Rightarrow$ Binomialverteilung

Erwartungswert und Varianz einer diskreten Zufallsvariablen

$$E(X) = \mu_x = \sum_{i=1}^{n} x_i * f(x_i)$$

$$W(X) = \sigma^2 = \frac{\sum (x_i - \overline{X_A})^2}{n}$$

Definition Varianz:

$$V(X) = \sigma_x^2 = \Sigma(x_i - E(x))^2 * f(x_i)$$

einfachere Formel für V:

$$\sigma_x^2 = (\sum x_i^2 * f(x_i)) - E(x)^2$$

$$f(x) = \binom{n}{x} * p^x * (1-p)^{n-x}$$

p = Erfolgswahrscheinlichkeit im Zufallsexperiment
n = Anzahl der Zufallsexperimente
x = Anzahl der Erfolge

Formelsammlung 2. Semester

Allgemein gilt für E(X) einer binomialverteilten Zufallsvariablen:

$E(X) = n*p$ und $V(X) = \sigma^2 = n*p*(1-p)$

Dichtefunktion f(x)

d) $f(x) \geq 0$

e) Die Fläche zwischen der x-Achse und f(x) über dem Intervall [a,b] gibt die Wahrscheinlichkeit an, daß x einen Wert aus dem Intervall [a,b] annimmt.

$$W(a \leq X \leq b) = \int_a^b f(x)*d(x)$$

f) Die Gesamtfläche unterhalb von f(x) und oberhalb der x-Achse ist 1.

$$f_N(x \mid \mu, \sigma^2) = \frac{1}{\sigma \sqrt{2\Pi}} * e^{-\frac{1}{2}\left(\frac{x-\mu}{\sigma}\right)^2}$$

Verteilungsfunktion der NV

$$F(x) = W(X \leq x) = \int_{-\infty}^{x} f_N(x \mid \mu, \sigma^2)*dx$$

$$\left(F(x \mid \mu, \sigma^2) = F_{SN}\left(\frac{x-\mu}{\sigma}\right)\right)$$

$$W(X \leq x) = F_{SN}\left(\frac{x-n*p}{\sqrt{n*p(1-p)}}\right)$$

$$\sigma = \sqrt{n*p(1-p)} = \sqrt{10000*0,5(0,5)}$$

Stetigkeitskorrektur

$$W(X \leq x) = F_{SN}\left(\frac{x+0,5-n*p}{\sqrt{n*p(1-p)}}\right) - F_{SN}\left(\frac{x-0,5-n*p}{\sqrt{n*p(1-p)}}\right)$$

Interpretation des Konfidenzintervalls

$$\overline{X_A} \pm Z_{1-\frac{\alpha}{2}} * \frac{\sigma}{\sqrt{n}}$$

$$\sigma^2 = \hat{\sigma}^2 = \frac{1}{n-1} * \sum \left(X_i - \overline{X_A}\right)^2$$

Konfidenzintervalle für Anteilswerte

$$\hat{p} \pm Z_{1-\frac{\alpha}{2}} * \frac{\sqrt{\hat{p}(1-\hat{p})}}{\sqrt{n}}$$

Formel zum Bestimmen von Δp:

$$\Delta p = Z_{1-\frac{\alpha}{2}} * \sqrt{\frac{p(1-p)}{n}}$$

$$n = \frac{Z_{1-\frac{\alpha}{2}}^2 * p * (1-p)}{\Delta p^2}$$

Stichprobengröße bei KI für E(x)

$$n = \frac{Z_{1-\frac{\alpha}{2}}^2 * \sigma^2}{\Delta x^2}$$

Konfidenzintervalle

95%-KI:	1,96
90%-KI:	1,645
99%-KI:	2,575